Svenja Hofert

30 Minuten

Bewerbungsanschreiben

W0177856

Bibliografische Information der Deutschen Nationalbibliothek

Die Deutsche Nationalbibliothek verzeichnet diese Publikation in der Deutschen Nationalbibliografie; detaillierte bibliografische Daten sind im Internet über http://dnb.d-nb.de abrufbar.

Umschlaggestaltung: die imprimatur, Hainburg
Umschlagkonzept: Martin Zech Design, Bremen
Lektorat: Uta Graßhoff, Offenbach
Satz: Zerosoft, Timisoara (Rumänien)
Druck und Verarbeitung: Salzland Druck, Staßfurt
Fotos S. 80: Die Hoffotografen, www.hoffotografen.de
Fotos S. 82, 85: Davide Michaels, www.davidemichaels.com

© 2008 GABAL Verlag GmbH, Offenbach
3., überarbeitete Auflage 2012

Hinweis:
Das Buch ist sorgfältig erarbeitet worden. Dennoch erfolgen alle Angaben ohne Gewähr. Weder Autor noch Verlag können für eventuelle Nachteile oder Schäden, die aus den im Buch gemachten Hinweisen resultieren, eine Haftung übernehmen.

Printed in Germany

ISBN 978-3-86936-391-2

In 30 Minuten wissen Sie mehr!

Dieses Buch ist so konzipiert, dass Sie in kurzer Zeit prägnante und fundierte Informationen aufnehmen können. Mithilfe eines Leitsystems werden Sie durch das Buch geführt. Es erlaubt Ihnen, innerhalb Ihres persönlichen Zeitkontingents (von 10 bis 30 Minuten) das Wesentliche zu erfassen.

Kurze Lesezeit

In 30 Minuten können Sie das ganze Buch lesen. Wenn Sie weniger Zeit haben, lesen Sie gezielt nur die Stellen, die für Sie wichtige Informationen beinhalten.

- Alle wichtigen Informationen sind blau gedruckt.

- Schlüsselfragen mit Seitenverweisen zu Beginn eines jeden Kapitels erlauben eine schnelle Orientierung: Sie blättern direkt auf die Seite, die Ihre Wissenslücke schließt.

- *Zahlreiche Zusammenfassungen innerhalb der Kapitel erlauben das schnelle Querlesen.*

- Ein Fast Reader am Ende des Buches fasst alle wichtigen Aspekte zusammen.

- Ein Register erleichtert das Nachschlagen.

Inhalt

Vorwort

Liebe Leserin, lieber Leser,

Ihre Zeugnisse sind gut und die Liste Ihrer Berufserfahrungen ist ebenso beeindruckend wie die Ihrer zahlreichen Auslandsaufenthalte. Doch was nutzt Ihnen das, wenn Ihr Anschreiben den Leser erst gar nicht davon überzeugt, weiter in Ihrer Bewerbung zu blättern? Ein erfolgreiches Anschreiben muss also neugierig auf Ihre Person und Fähigkeiten machen. Das stellt viele Bewerber vor eine große Herausforderung: Manche Bewerber schreiben 24 Stunden an ihrem Anschreiben, andere sitzen tagelang vor einem weißen Word-Dokument, ohne je den ersten Satz zu Papier zu bringen. Aber: Die richtigen Worte für das Anschreiben finden ist keine Kunst. Es geht vielmehr darum, einen Zugang zu den eigenen Stärken zu finden und ein Verständnis für den Blick des anderen zu entwickeln.

Dabei unterstützt Sie dieses Buch. Es führt Sie Schritt für Schritt zu einem für Sie passenden Anschreiben. Sie finden Ihren eigenen Stil und lernen, kurz, prägnant und vor allem leserzentriert zu schreiben. Zur Sprache kommen klassische Motivationsanschreiben genauso wie Initiativanschreiben und kreative Texte. Zahlreiche Muster für Formulierungen regen Ihre eigenen Ideen an. Tipps zur formalen und optischen Gestaltung ergänzen den Ratgeber ebenso wie Hinweise zur perfekten Umsetzung der Anschreiben in einem Online-Formular oder per E-Mail.

Im letzten Kapitel lesen Sie, wie Sie die weiteren Bewerbungsunterlagen betexten und gestalten – vom Deckblatt über den Lebenslauf bis zur Arbeitsprobe. Praktisch, kurz und prägnant: In diesem Ratgeber widmen Sie sich 25 Minuten dem Bewerbungsanschreiben und erhalten in den verbliebenen fünf Minuten Tipps für die restlichen Unterlagen von Lebenslauf bis Zeugnis.

Herzliche Grüße

Svenja Hofert

30 MINUTEN

1. Fünf Grundregeln

Gute Anschreiben erfüllen vor allem zwei Kriterien: Sie strahlen Ihre Persönlichkeit aus und sind für den Leser geschrieben. Alle anderen Aspekte ordnen sich diesen beiden Kriterien unter. Ein Patentrezept für solch ein Anschreiben gibt es nicht, aber es gibt einige Grundregeln, die ich Ihnen im folgenden Kapitel vorstelle.

1.1 Formalien beachten

Sie erhalten keine zweite Chance für den ersten Eindruck – dementsprechend sollte die äußere Form Ihres Anschreibens stimmen. Hier die Basics: Ein Anschreiben sollte nicht mehr als eine DIN-A4-Seite umfassen. Wenn Sie sich kurz fassen, signalisieren Sie: Ich kann auf den Punkt kommen und Wesentliches von Unwesentlichem trennen. Das Anschreiben kann eineinhalbzeilig oder einzeilig gedruckt sein. Verwenden Sie die Schrift Arial nicht kleiner als 10 Punkt, die konservativere Times ist mit 11 Punkt schon recht klein. Verdana eignet sich als Internetschrift nur für PDF-Bewerbungen und sollte nie kleiner als 10 Punkt gedruckt werden. Andere Schriftarten sind immer zulässig, sofern sie gut lesbar sind und nicht zu auffällig.

Das Anschreiben sollte den Schreib- und Gestaltungsregeln der aktuellen DIN-Norm 5008 und den Regeln der allgemeinen Lesefreundlichkeit entsprechen. Hier das Wichtigste im Überblick:

Tipps
- Benutzen Sie weißes oder naturfarbenes Papier.
- Beginnen Sie mit einem Briefkopf (in der Kopfzeile oder in Kopf- und Fußzeile) oder einem Absender.
- Die Anschrift sollte die vollen Daten enthalten, also auch die Bezeichnung der Abteilung und den Vor- und Zunamen sowie gegebenenfalls auch den Titel (z. B. Dr.) des Verantwortlichen.
- Ein Datum ist zwingend. Es steht entweder oben rechts neben der ersten Zeile der Anschrift oder eine Zeile unter der Anschrift auf der rechten Seite. 23.10.2012, 2012-10-23 oder 23. Oktober 2012 – alle Schreibweisen sind zulässig.
- Ein aussagekräftiger Betreff (z. B. „Bewerbung als ... „Ihr Stelleninserat vom ... in ...") gehört dazu. Dieser wird ohne das Wort „Betreff" drei bis vier Leerzeilen unter den Empfänger gesetzt, z. B. kursiv oder unterstrichen.
- Zwei Zeilen darunter folgt die Anrede: Falls Sie den Namen Ihres Ansprechpartners nicht herausfinden können, schreiben Sie „Sehr geehrte Damen und Herren".

- Eine Gliederung mit Absätzen macht den Text lesefreundlich – am besten nicht mehr als drei bis fünf Absätze im Fließtext.
- „Der Dativ ist dem Genitiv sein Tod" – Rechtschreibfehler und grammatikalische Fehltritte sind tabu. Schreiben Sie nach den Regeln der neuen deutschen Rechtschreibung.
- Steigen Sie mit einer gängigen Grußformel aus, am besten „Mit freundlichen Grüßen" (immer ohne Komma!).
- Schreiben Sie darunter mit zwei Zeilen Abstand Ihren gedruckten Namen. Dazwischen unterschreiben Sie. Bei PDF-Bewerbungen verzichten Sie entweder auf die Unterschrift oder setzen Ihre eingescannte Unterschrift hinein.
- Setzen Sie den Hinweis „Anlagen" unter Ihren gedruckten Namen, ohne diese weiter aufzulisten.
- Legen Sie das Anschreiben locker auf die Mappe oder speichern Sie es in der PDF-Bewerbungsmappe als Erstes ein, also noch vor dem Lebenslauf (siehe Seite 80).

Typische Fehler vermeiden

Nobody is perfect. Auch wenn Sie noch so gut achtgeben, es kann immer mal passieren, dass sich Fehler in Ihr Bewerbungsanschreiben einschleichen. Diese können mitunter das vorzeitige Aus für Sie bedeuten. Damit Ihre Bewerbung nicht direkt im Papierkorb landet, vermeiden Sie typische Fehler.

Tipps

- Sprechen Sie eine Dame nicht mit Herr an.
- Setzen Sie hinter „Sehr geehrter NAME" ein Komma oder alternativ ein Ausrufezeichen.
- Verzichten Sie hinter „Mit freundlichen Grüßen" auf das Komma – das gibt es nämlich nur im angloamerikanischen Sprachraum.
- Behandeln Sie das E-Mail-Anschreiben genauso wie das Anschreiben per Post. Es sollte lediglich, wenn es in das Textfeld der Mail gesetzt ist, eine Signatur haben. Die Signatur sitzt immer unter dem Text, nie darüber.

 Unterschätzen Sie nicht die abschreckende Wirkung eines mangelhaften und nachlässigen Anschreibens, sondern halten Sie sich an die allgemein verbindlichen Schreib- und Gestaltungsregeln.

1.2 Zielgruppe erkennen

Bevor Sie sich mit inhaltlichen Fragen beschäftigen, sollten Sie erst einmal klären, wer Ihr Anschreiben überhaupt liest. Bei größeren Unternehmen übernimmt häufig ein Recruiter die Erstauswahl. Dieser hat die Aufgabe, die interessantesten zehn Bewerbungen herauszusuchen. Erst danach wirft ein Personalverantwortlicher einen Blick darauf oder eine Fachabteilung gibt ihre Meinung dazu ab. Daraus lässt sich schließen, dass die Bewerbung auf eine ausgeschriebene Stelle bei größeren Unternehmen zwei Zielgruppen ansprechen muss: erstens den mit der Erstauswahl betrauten Sachbearbeiter und zweitens die Fachabteilung. Den Sachbearbeiter erreichen Sie am ehesten, indem Sie sich in der ihm vertrauten Begriffswelt bewegen, also in wesentlichen Teilen deutlich und mit vertrauten Worten texten. Dem Fachverantwortlichen sollten Sie vertiefte Informationen bieten. Oft interessiert er sich mehr für den Lebenslauf oder ein Zusatzblatt, auf dem Sie Kenntnisse oder Projekterfahrungen auflisten.

Bei kleineren Unternehmen ist die Situation anders. Oft gibt es gar keine Personalabteilung. Wenn doch, sitzen hier ein oder zwei Personen, die enger mit den Fachabteilungen zusammenarbeiten und inhaltlich meist besser „im Thema" sind. Also sollten Sie auch hier vertiefte Informationen anbieten.

1.3 Für den Leser schreiben

Arbeitgeber möchten in der Regel weniger wissen, was Sie wollen, als vielmehr, welchen Nutzen Sie dem Unternehmen bringen. Aus diesem Grund empfiehlt es sich, den Leser möglichst direkt anzusprechen. Zu empfehlen sind sprachliche Kleinigkeiten: „Ihr Interesse freut mich sehr" folgt dem leserzentrierten Standpunkt besser als „Ich freue mich über Ihr Interesse". Stellen Sie sich vor, Sie schreiben einen Liebesbrief – wie langweilig wären Ihre Worte, wenn Sie beispielsweise nur von Ihren Gefühlen sprächen und nicht von den schönen Augen des anderen. Nun ist ein Anschreiben kein Liebesbrief, das Prinzip aber dasselbe: Im Mittelpunkt steht der andere!

Tipps
- Ihr Leser muss das wiederfinden, was er sucht! Dazu sollten Sie am besten 100 Prozent, mindestens aber 80 Prozent der geforderten Kompetenzen, Qualifikationen und Erfahrungen mitbringen.
- Beginnen Sie möglichst wenige Sätze mit „Ich". Auf keinen Fall sollte der erste Satz mit einem „Ich" starten.
- Verwenden Sie eine möglichst direkte Ansprache: „Sie schreiben in Ihrem Inserat, dass ..." oder „An Ihrem Unternehmen gefällt mir ...".
- Individualisieren Sie Ihr Schreiben dem Unternehmen entsprechend, mindestens in Einleitung und Schluss.
- Gehen Sie auf den Stil des Unternehmens ein, der sich auf der Website und in der Anzeige spiegelt. Werden Sie dort locker angesprochen, sollten Sie nicht mit einer steifen Bürokratensprache kontern.
- Eine steife Bürokratensprache im Inserat ist aber kein Grund, genauso verwaltungsorientiert zu schreiben. Hier empfiehlt sich ein Mittelweg.

Entscheidend für den Erfolg Ihres Anschreibens ist, dass Sie auf den Leser eingehen: Bieten Sie das an, was der Leser sucht, und formulieren Sie leserzentriert.

1.4 Stärken statt Schwächen betonen

In keinem Werbekatalog der Welt wird darauf hingewiesen, was das Produkt nicht hat. Werbung ist das geschickte Erwähnen und Weglassen. Und eine Be-Werbung folgt diesem Grundsatz.

Nur in Ausnahmefällen sollten Sie thematisieren, dass Ihnen eine Qualifikation fehlt. Das hat einen rein psychologischen Grund: Indem Sie Mangelfaktoren aussprechen, deuten Sie mit einem dicken roten Pfeil darauf. Das Aussprechen des Mangels macht ihn „gefühlt" größer. Und noch ein wichtiges Argument: Sie verlieren viel Platz, den Sie für Ihre Pluspunkte nutzen könnten.

Tipps
- Betonen Sie Ihre Pluspunkte. Denken Sie dabei daran, was gefordert ist.
- Überlegen Sie, was Ihre Konkurrenten vorzuweisen haben. Gibt es etwas, was Sie besser können als andere? Das gehört ins Anschreiben!
- Jede Einschränkung, die nicht positiv für Sie ist, sollten Sie nicht schriftlich, sondern erst im persönlichen Gespräch anbringen. Beispiel: Sie bewerben sich Vollzeit, wollen aber eigentlich nur 30 Stunden arbeiten.
- Ähnlich empfehle ich mit Lücken zu verfahren. Auch Behinderungen, die keine Einschränkung für die Ausübung des Jobs bedeuten, sollten nicht im Anschreiben thematisiert werden.

- Eine Ausnahme bilden kreative Bewerbungen, mit denen Sie in kleineren Unternehmen meist punkten können. Hier macht es manchmal (aber längst nicht immer!) Sinn, manche Ratschläge ad acta zu legen und etwa kess zu schreiben: „Ich bin weder Betriebswirt noch Informatiker und habe auch nicht die geforderte Berufserfahrung. Jetzt schreibe ich Ihnen, warum ich trotzdem richtig für Sie bin usw."

1.5 Lesefreundlich schreiben und gestalten

Machen Sie den Personalverantwortlichen das Leben leichter und achten Sie auf die Lesefreundlichkeit Ihres Anschreibens. Neben der Einhaltung der formalen Grundregeln, die Sie im ersten Kapitel kennengelernt haben, gibt es noch weitere Möglichkeiten. Lesefreundlich, das ist vor allem eine klare, knappe und präzise Sprache. Ein weiterer wichtiger Faktor ist das Layout. Absätze helfen dabei, den Text übersichtlich zu strukturieren, optische Hilfen erleichtern dem Leser das schnelle Erfassen der wichtigsten Aspekte.

Holger Jorgensen

Chemiestraße 123 | 10234 Berlin
Tel.: 0300 – 765 43 21 | hol@produktion.de

Chemiewerke
Frau Müller
Hersteller Straße 102
10987 Berlin

AG Berlin, 10. Februar 2012

Bewerbung um Anstellung als Produktionsleiter –
Ihr Stellenangebot mit der Referenz-Nr.: TP/7654

Sehr geehrte Frau Müller,

als Produktionsleiter Ihres Werks möchte ich die Optimierung Ihrer Produktion vorantreiben, effiziente Abläufe erreichen sowie Ihre Termine und Qualität sicherstellen.

Dafür bringe ich mehr als zehn Jahre einschlägiger Erfahrung nach meinem Studium zum **Chemieingenieur (FH) mit den Schwerpunkten Polymerchemie und Verfahrenstechnik** mit. Seit 1998 war ich bei der **BEYER AG** in der Hauptniederlassung in Düsseldorf tätig: zunächst als Verfahrenstechniker, zuletzt als Qualitätsmanagementleiter und stellvertretender Produktionsleiter.

Mir oblag die Aufsicht über die Aufbereitung von **Materialcompounds** unter anderem für Automobil-Anwendungen und für den medizinischen Bereich. Zu meinen Aufgaben gehörte weiterhin die Entwicklung und Überwachung der Umsetzung des Qualitätsmanagementsystems nach **GMP (Good Manufactoring Practice), ISO 13485, ISO 9001 und anderen Normen und Richtlinien**. Ich besaß **Personalverantwortung** für neun gewerbliche Mitarbeiter, die mit Materialprüfungen an den einzusetzenden Rohstoffen und den hergestellten Compounds betraut waren. Im Zusammenhang mit meinen Aufgaben im Bereich der Reklamationsbearbeitung betreute ich Kunden zum Beispiel in England, Kanada und USA und verfüge von daher über praxiserprobte und sowohl im Small Talk als auch im Fachgespräch fließende Englisch-Kenntnisse.

Durch meine Lehre als **Groß- und Außenhandelskaufmann** sind stets auch die kaufmännischen Aspekte in meinem Blickfeld. Im Rahmen meiner Tätigkeiten konnte ich so zahlreiche Verbesserungen durchsetzen, erreichte etwa geringere Herstellungspreise durch Rezepturänderungen, messbare Leistungssteigerungen im Bereich der Extrusion und deutliche Effizienz-Verbesserungen im Bereich der Automatisierung der Materialaufbereitung.

Ich strebe ein Bruttojahresgehalt von 52.000 EUR an. Da ich meine aktuelle Tätigkeit als Fertigungsleiter in der Probezeit aufgeben möchte, kann ich Ihnen kurzfristig zur Verfügung stehen.

Ich freue mich auf ein persönliches Gespräch mit Ihnen.

Mit freundlichen Grüßen

Holger Jorgensen

Anlagen

1.5 Lesefreundlich schreiben und gestalten
17

Tipps

- Kurze Sätze sind lesefreundlich. Also vermeiden Sie lange, komplizierte Schachtelformulierungen.
- Schreiben Sie aktiv: Verben lesen sich leichter als Substantive.
- Verwenden Sie möglichst wenige Hilfsverben wie „sollen", „können", „tun" oder „machen", sondern vollwertige Verben wie „schreiben", „denken" oder „formulieren".
- Gliedern Sie Ihren Text in Absätze, das macht ihn lesefreundlich – am besten aber nicht in mehr als drei bis fünf Absätze. Auch kleine Abschnitte und Einrückungen sind empfehlenswert, solange Sie damit nicht übertreiben.
- Geben Sie optische Hilfen: Heben Sie Wichtiges hervor, etwa durch Einrückungen, Aufzählungen, Fett-, Kursiv- oder Unterstrichen-Formatierungen.

Ihr Bewerbungsschreiben muss überzeugen – und zwar den Leser! Vergessen Sie deshalb nicht, dass Sie nicht über sich selbst, sondern für den anderen schreiben.

- *Definieren Sie Ihre Zielgruppe. Denn erst wenn Sie wissen, wer Ihr Anschreiben liest, können Sie individuell auf die Ansprechperson eingehen.*
- *Betonen Sie Stärken statt Schwächen. Im besten Fall sollten Ihre Stärken zu 100 Prozent das widerspiegeln, was der Leser sucht.*
- *Schreiben und gestalten Sie Ihr Anschreiben lesefreundlich. Nutzen Sie Absätze oder Hervorhebungen, schreiben Sie aktiv und konkret sowie mit kurzen Sätzen.*

30 MINUTEN

2. Verschiedene Anschreiben

Frisch von der Uni, ein Branchenwechsel, die Bewerbung auf eine Führungsposition – jede Bewerbungssituation ist anders. Ein Patentrezept für den Aufbau eines guten Anschreibens gibt es nicht. Stattdessen gibt es verschiedene Möglichkeiten, Ihren Text zu formulieren.

Anschreiben	Hauptaspekt	Besonders geeignet für/bei
Motivationsanschreiben	Legt Gründe für die Bewerbung auf genau diese Stelle dar.	Absolventen, Lehrstellensuche, Initiativbewerbung
Argumentatives Anschreiben	Zeigt, warum genau Sie der Richtige sind.	Neuorientierung, Branchenwechsel
Erfolgsorientiertes Anschreiben	Verdeutlicht Erfolg durch Fakten.	Vertriebler, Führungskräfte, Manager
Sympathisches Anschreiben	Setzt auf Ausstrahlung.	Allrounder, kommunikative Branchen
Kreatives Anschreiben	Es anders machen als alle anderen.	Neuorientierung, kreative Berufe, für alle, die auffallen wollen

Anschreiben	Hauptaspekt	Besonders geeignet für/bei
Darstellendes Anschreiben	Bringt Ergänzendes zum Lebenslauf.	Absolventen, Berufserfahrene
Anzeigenzentriertes Anschreiben	Bezieht sich direkt auf ein Inserat.	Alle
Kombiniertes Anschreiben	Kombiniert die verschiedenen Ansätze.	Alle, besonders Initiativbewerber

2.1 Das Motivationsanschreiben

Nennen Sie gute Gründe: Beim Motivationsanschreiben kommt es darauf an, überzeugend zu begründen, was Sie dazu bewegt hat, sich gerade bei diesem Unternehmen, in dieser Branche, auf diese Funktion zu bewerben:

Sie sind nicht der Marktführer. Aber Sie haben das Potenzial eines jungen Start-ups, den etablierten Wettbewerber vom „Thron" zu stoßen. Das reizt mich.

Hochschulabsolventen etwa sollten immer auch die Motivation darlegen, aus der sie sich beispielsweise für die Unternehmensberatung oder eine Produktmanagement-Karriere in der Pharmaindustrie entscheiden.

Als Doktor der Chemie habe ich mich schon in meiner Promotion mit dem Thema „emotionales Pharmamarketing" beschäftigt. In einer Projektarbeit habe ich an der

*Vermarktungsstrategie von Alzerin mitgearbeitet. Seit-
dem steht mein Entschluss fest, eine Karriere im Produkt-
management eines renommierten Pharmakonzerns an-
zustreben. An Ihrem Unternehmen faszinieren mich Ihre
Innovationskraft (die Werbekampagne zu Affinion – ge-
nial!) und die Mischung aus Tradition und Zukunftsori-
entierung.*

Auch größere Veränderungen verlangen eine „Begrün-
dung". So sollte die Geschäftsführungssekretärin, die
sich nach nur 1,5 Jahren auf verantwortungsvoller Position auf eine Stelle als Assistentin der Vertriebslei-
tung bewirbt, und sich damit letztendlich nach unten
orientiert, dies argumentieren.

*Mein Aufgabengebiet ist spannend. Jedoch wünsche ich
mir nach einem Wechsel in der Geschäftsführung ein
neues Umfeld. Da mir in der Vergangenheit stets der Vertrieb am nächsten war, zieht mich die Stelle sehr an.*

Tipps
- Fragen Sie sich, was Sie wirklich an dem Unternehmen oder seinen Produkten interessiert.
- Vermeiden Sie allerdings allzu „platte" Motivati-
  onsaussagen. So wird fast jeder Bewerber bei
  Lufthansa seine Begeisterung für Flugzeuge betonen – finden Sie etwas anderes.
- Wenn Ihnen zum Unternehmen nichts einfällt,
  überlegen Sie, was die Stelle Spannendes für Sie
  hergibt.

- Vermeiden Sie langweilige Ausdrücke von Motivation wie *„Ihre Website gefällt mir"*. Bringen Sie lieber etwas Konkretes wie *„In Ihrem virtuellen Unternehmensrundgang habe ich ein sympathisches Unternehmen erlebt"*.

2.2 Das argumentative Anschreiben

Auf die richtigen Argumente kommt es an. In diesem Anschreiben konzentrieren Sie sich auf die zentralen Argumente, die belegen, dass Sie der oder die Richtige für den Job sind. Entscheiden Sie sich dabei für nicht mehr als drei bis fünf Punkte. Mehr passen nicht auf eine Seite und würden das Schreiben auch schwerfällig und unkonkret machen.

Beispiel

Eine Bewerberin hat bisher nur im Einkauf gearbeitet und möchte in den Außendienst wechseln. Die Herausforderung liegt darin, die fehlende Erfahrung durch die Betonung der persönlichen Fähigkeiten wettzumachen.

Sehr geehrte Frau Müller,

mit mehr als zehn Jahren Berufserfahrung im Einkauf von Zubehör bringe ich umfangreiche Kenntnisse technischer Produkte und Prozesse in der Automobilbranche mit. Letztes Jahr habe ich drei Monate den Account Manager für das Kundengebiet Bayern vertreten – sehr zur Zufriedenheit des Vertriebsleiters Deutschland (siehe Referenz).

Als Mitarbeiterin im internationalen Einkauf bin ich regelmäßig mit Verhandlungen betraut und überzeuge durch mein freundliches und serviceorientiertes Auftreten. Hier belege ich auch mein gutes Zahlenverständnis, das es mir ermöglicht, dem Kunden stimmige Kalkulationen vorzulegen. Als Industriekauffrau mit betriebswirtschaftlicher Zusatzqualifikation bin ich eine Praktikerin mit dem Knowhow eines Betriebswirts. Ein weiterer Pluspunkt ist mein fließendes Englisch, das ich täglich spreche. Nicht zuletzt bin ich gern unterwegs und freue mich auf das Reisen.

Ich bin mir sicher, dass mein Wechsel in den Vertrieb Ihnen als Unternehmen ebenso guttut wie mir, und freue mich auf unser Gespräch.

Mit freundlichen Grüßen

Simone Walter

Hüten Sie sich vor Überheblichkeit, wenn Sie begründen, warum Sie sich eignen, obwohl Sie formal nicht voll den Anforderungen entsprechen. Vermeiden Sie nach Möglichkeit Vergleiche. Also nicht „Ich weiß so viel wie ein Mediziner", sondern „Mein Wissen im Bereich der Medizin habe ich durch ein autodidaktisches Selbststudium in den letzten drei Jahren aufgebaut. Ein Arzt bestätigte mir kürzlich fundierte Fachkenntnisse."

Tipps
- Listen Sie Ihre wichtigsten Argumente auf.
- Zentrale Frage: Was spricht für mich und warum?
- Gute begründende Formulierungen werden durch „weil" oder „durch" eingeleitet.

2.3 Das erfolgsorientierte Anschreiben

Je höher die berufliche Position, desto wichtiger sind Erfolge. Und um beim Beispiel Vertrieb zu bleiben: Hier ist der Erfolg zentral. Das bedeutet: Fakten, Fakten, Fakten. Um wie viel Prozent haben Sie den Umsatz erhöht? Welche neuen Marktanteile konnten Sie gewinnen? Haben Sie Key Accounts, also Großkunden, hinzugewonnen? Können oder wollen Sie keine konkreten Zahlen nennen, wirkt etwa schon der Hinweis, dass Sie Ihre Ziele zwei Jahre übererfüllt haben:

Mein wichtigster Erfolg in den letzten zwei Jahren war die Verbesserung unseres Marktanteils von zwei auf jetzt sieben Prozent. Gleichzeitig verdreifachte sich der Umsatz im Zeitraum zwischen 2010 und 2012.

Führungskräfte definieren ihren Erfolg ebenfalls am besten mit Zahlen, Daten, Fakten. Aufschlussreich sind die Höhe des Budgets und/oder die Zahl der Mitarbeiter. Wichtig sind auch Einführungen oder Umstrukturierungen, die erfolgreich verlaufen sind:

Mein Budget betrug 2012 1,5 Millionen Euro. Als besonderen Erfolg verzeichne ich die Integration des Logistikdienstleisters Most in unser Unternehmen sowie die Etablierung der eigenständigen Marke Sol.

Vertrieblern (Außendienstlern sowie Account und Key Account Managern) und Führungskräften empfehle ich, die Erfolge zusätzlich in den Lebenslauf aufzunehmen. Dort sollte stets auch beschrieben sein, wie viele Mitarbeiter Ihnen zugeordnet waren, ob die Führungsverantwortung fachlich und/oder disziplinarisch war und an wen Sie berichtet haben. Im Anschreiben entscheiden Sie sich dann für die wichtigsten Erfolge und beschreiben diese etwas näher, vor allem hinsichtlich Ihrer besonderen Kompetenz:

Auch jetzt, zwei Jahre nach der Fusion, hat eine Mitarbeiterbefragung eine mit 92 Prozent außerordentlich hohe Zufriedenheit ergeben. Während und nach dem Zusammenschluss betrug die Fluktuation annähernd null.

Tipps

- Zahlen, Daten, Fakten: Wählen Sie diejenigen aus, die Sie am besten beschreiben und verkaufen.
- Informieren Sie sich über aktuelle Studien und Trends innerhalb Ihrer Branche – die spiegeln auch immer ein wenig das wider, was auch Sie widerspiegeln sollten.
- Wenn Sie keine aktuellen Erfolge vorzuweisen haben, greifen Sie auf frühere zurück: „So habe ich mit meinem schwierigen Verkaufsgebiet Sachsen zeitweise zu einer Verdopplung des Umsatzes beigetragen."

2.4 Das sympathische Anschreiben

Es gibt Menschen, die überzeugen vor allem durch ihre Persönlichkeit. Dies ist ein unschätzbarer Vorteil – der am besten schon im Anschreiben erkennbar sein sollte. Ein Anschreiben kann jedoch nur dann Sympathieträger sein, wenn Sie ganz natürlich schreiben und Ihre Gedanken und sogar Gefühle (in engen Grenzen!) offenlegen. Sympathische Bewerber stellt man vor allem da ein, wo es mehr auf generalistische und kommunikative Kompetenzen ankommt, z. B. im Sekretariat. Das sympathische Anschreiben kann sogar einmal zu einer anderen Ansprache greifen und mit „Lieber …" oder „Guten Tag!" beginnen.

Beispiel

Eine Bewerberin möchte nach längerer Elternzeit wieder zurück in den Beruf und bewirbt sich auf eine Stelle als Sekretärin oder Kundenbetreuerin. Bei einem sympathischen Anschreiben geht es darum, die eigenen Gedanken und Gefühle offen darzulegen, ohne inkompetent und aufdringlich zu wirken.

Lieber Herr Thomas,

gestern habe ich ein Interview mit Ihnen gelesen und war spontan begeistert. Sie schreiben, dass bei Ihnen der Mensch und seine Persönlichkeit im Vordergrund stehen. Sie sagen, dass Sie alles daransetzen, dass Ihre Mitarbeiter die für sie idealen Arbeitszeiten finden. Und dass Sie – selbst Vater von drei Kindern – Müttern und Vätern den maximalen Raum geben, um Beruf und Kind zu vereinbaren.

Ich selbst bin Mutter eines vierjährigen Sohnes und möchte sehr gerne wieder in Teilzeit im Sekretariat oder auch in der Kundenbetreuung arbeiten. In beiden Bereichen bringe ich viel Erfahrung und auch sonst alles mit, was man braucht, um diese Aufgaben gut zu machen: EDV-Kenntnisse, Englisch, Spaß, mit Menschen umzugehen, und den inneren Antrieb, Aufgaben bestmöglich zu lösen. Ich freue mich sehr auf ein Gespräch mit Ihnen.

Herzliche Grüße
Lara Lawa

2.5 Das kreative Anschreiben

Kreativ heißt, es anders zu machen, als es üblich ist. Das ist nicht nur in kreativen Branchen ein Erfolgsrezept, sondern kann auch eine adäquate Herangehensweise in einem traditionellen Umfeld sein. Je schwerer Sie es mit Ihrem Lebenslauf bei der Bewerbung vermutlich haben, desto wichtiger ist es, sich von den anderen abzugrenzen.

Machen Sie neugierig!
Erzeugen Sie beim Leser Neugierde. Neugierig werden Menschen, wenn es offene Fragen gibt:

Sehr geehrter Herr Müller,
dies ist ab jetzt ein unbeschriebenes Blatt. Ich bin in der Programmierszene allerdings keins. Geben Sie im Internet einfach einmal meinen Namen ein – oder blättern

Sie weiter.

Sie können auch mit den Bedürfnissen Ihrer Leser „spielen", indem Sie etwas versprechen – beispielsweise neue Kundenkontakte:

Nach mehr als zehn Jahren Tätigkeit für Informationsdienste in aller Welt bin ich bei vielen Entscheidungsträgern bekannt und kann Türen öffnen.

Begeistern Sie!

Begeisterung erzeugen Sie oft durch eine besonders liebevolle Aufbereitung von Unterlagen. Da kann es sein, dass Sie eine Mappe wie eine kleine Zeitschrift oder Imagebroschüre gestalten oder statt Anschreiben einfach ein Interview mit sich selbst verfassen. Kreativ ist es auch, einfach die von einigen Bewerbungsratgebern empfohlene „dritte Seite" (s. S. 84) oder „Erfolgsbilanz" vorzuziehen – was Sie durchaus auch mal etwas humorvoll abwandeln können.

Beispiel

Folgendes Schreiben stammt von einer Vertriebsführungskraft, die genug hatte vom Management und zurück in eine Tätigkeit als „normaler" Außendienstler wollte. Jede normale Bewerbung war zuvor zurückgekommen – so aber funktionierte es.

Sehr geehrte Frau Fraser,

meine Erfolgsbilanz sieht so aus:
Beförderung nach zwei Jahren
Ein Dienstwagen (Audi)
Ehefrau (Scheidung läuft)
Reihenhaus (verkauft)

Und jetzt fragen Sie sich, warum ich mich bei Ihnen bewerbe? Genau, weil Erfolg relativ zum Betrachter ist, und ich endlich wieder inhaltlich arbeiten und mit den Reifen auf der Straße Produkte verkaufen möchte. Das kann ich, da war ich immer erfolgreich. Mit einem alten VW, weniger Gehalt – aber innerlich frei und mit Freude bei der Arbeit.

Ich freue mich auf ein Gespräch.
Karol Wüllner

Tipps
- Kreativ ist anders, aber dennoch leserzentriert, d. h., auch hier stehen die Interessen Ihres Lesers im Mittelpunkt.
- Seien Sie kreativ im Wort und sparsam in Sachen kreativer Gestaltung.

2.6 Das darstellende Anschreiben

Das typische deutsche Anschreiben ist darstellend. Leider wählen viele Bewerber hier eine sehr langweilige Form, wiederholen etwa die Lebenslaufetappen sogar mit genauen Daten. Das liest sich schwer und hat keinen Mehrwert. Gute darstellende Anschreiben bringen Beispiele zu den Lebenslaufdaten, ergänzen diese also mit wertvollen Informationen:

Zuvor war ich zwei Jahre im Vertriebsinnendienst beschäftigt. Hier übernahm ich einige marketingnahe Sonderprojekte, etwa eine Marktanalyse für Schüßler-Salze.

Seit 1999 arbeite ich für die USA GmbH. Mein Schwerpunkt hat sich in dieser Zeit mehrmals verlagert: Zuerst im Marketing beschäftigt, wechselte ich danach in den Vertrieb und anschließend ins Personalmarketing. Hier konnte ich bisherige Erfahrungen einbringen und habe durch zahlreiche Projekte viel dazugelernt, etwa im Bereich Hochschulwerbung.

Tipps
- Verwenden Sie im Anschreiben nicht zu viele Jahreszahlen, denn das ermüdet, ähnlich wie in einer gesprochenen Rede.
- Raffen Sie die wichtigsten Informationen. Ihr Lebenslauf soll vollständig sein, nicht das Anschreiben!

2.7 Das anzeigenzentrierte Anschreiben

Nichts leichter als das: Bei dieser Variante gehen Sie einfach Punkt für Punkt auf die Anforderungen ein, die im Inserat genannt werden. Das stellt kaum Ansprüche an Ihre Formulierungskunst und ist trotzdem eine gute Lösung:

Ihre Anforderungen erfülle ich in jedem Punkt: Als Betriebswirt bringe ich das geforderte wirtschaftswissenschaftliche Studium mit usw.

Tipps
Arbeiten Sie hier mit einer Tabelle. Auf der einen Seite stehen die Anforderungen, auf der anderen notieren Sie, auf welche Weise Sie diese erfüllen.

2.8 Das kombinierte Anschreiben

Die Grenzen zwischen den Anschreiben-Typen sind fließend und so können Sie verschiedene Formen problemlos mischen. Ideal ist beispielsweise die Kombination aus Motivation, Darstellung und Erfolg. Damit drücken Sie zugleich aus, warum Sie bei diesem Unternehmen arbeiten möchten (Motivation), was Sie bisher gemacht haben (darstellend) und in welchen Punkten Sie besonders erfolgreich waren.

Anschreiben-Typ	Kombinierbar mit
Motivation	allen anderen
argumentativ	erfolgsorientiert, darstellend
erfolgsorientiert	argumentativ, darstellend
kreativ	motivierend, sympathisch
sympathisch	motivierend, kreativ
darstellend	allen anderen
anzeigenzentriert	allen anderen

2.9 Das initiative Anschreiben

Die vorgestellten Anschreiben können Sie nicht nur verwenden, wenn Sie sich auf eine Anzeige bewerben, sondern auch, wenn Sie es initiativ versuchen.

Greifen Sie zum Hörer!
Bei der Initiativbewerbung empfiehlt sich vorher ein Anruf, um sich zu erkundigen, an wen Sie Ihre Bewerbung schicken können. Damit stellen Sie einerseits sicher, dass Ihre Bewerbung auch in den richtigen Hän-

den landet und nicht etwa durch das Unternehmen „reist" oder zwischen der ganzen Werbepost versandet. Andrerseits wecken Sie so Interesse und eine Erwartung. Nicht zuletzt können Sie in einem guten Telefonat klären, in welchen Bereichen Bedarf besteht, und Informationen einholen, die für die Bewerbung wichtig sind. Haben Sie vorher telefoniert, fällt auch der Einstieg leichter – Sie können auf das Gespräch verweisen:

Das freundliche Gespräch mit Ihnen hat mir wertvolle Zusatzinformationen gegeben.

Vielen Dank für das freundliche Gespräch.

Am Telefon schilderte ich Ihnen kurz meinen Wunsch nach einer Neuorientierung im Bereich Marketing.

Zeigen Sie Kreativität, Kompetenz und Erfahrung!

Mehr noch als eine Anzeigenbewerbung sollte das Initiativanschreiben schon im Betreff zum Weiterlesen animieren. Hier dürfen Sie kreativ sein:

Multitalent für Personal, Vertrieb, Marketing, Finanzen – gibt's das?

Oft ist Bewerbern das spätere Einsatzgebiet nicht bekannt und es gibt mehrere Möglichkeiten im Unternehmen. Initiativanschreiben sollten dann breit aufgestellt sein und die wichtigsten Erfahrungen und Kompetenzen herausstellen. In einigen Bereichen ist Branchenerfahrung ein zentraler Punkt, etwa in der Medizintechnik. Bringen Sie Ihr berufliches Ziel zum Ausdruck:

Nach mehr als 15 Jahren als SAP-Entwickler und Teilprojektleiter möchte ich mehr Verantwortung übernehmen und eigenständig Projekte leiten. Dabei hilft mir meine jüngst erworbene Zertifizierung als Projektmanagement-Fachmann (GPMA).

Geben Sie optische Hilfen!

Eine sehr einfache Methode ist es, die besonderen Kompetenzen mit Blickfangpunkten in der Mitte zu bündeln. Das ermöglicht dem Leser ein schnelles Erfassen und wird meiner Erfahrung nach sehr gern gesehen.

<u>Initiativbewerbung als Vertriebsmitarbeiterin</u>

Sehr geehrte Frau Weber,

als vertriebsstarke Persönlichkeit mit jahrelanger Erfahrung in der Kundengewinnung und Kundenbetreuung der Schifffahrtsbranche interessiert mich Ihr international ausgerichtetes Unternehmen sehr. Besonders spannend finde ich den Aufgabenbereich der Kundenbetreuung in Europa und USA.

Meine Kompetenzen im Überblick:

- mehr als 15 Jahre Erfahrung im Vertrieb von Bunkerölen
- kundenorientierte, aufgeschlossene und durchsetzungsstarke Persönlichkeit
- kaufmännisch versiert durch Übernahme der kaufmännischen Aufgaben in unserem Betrieb
- kaufmännische Ausbildung (Schifffahrtskauffrau)
- exzellente Englischkenntnisse und gutes Französisch
- gewohnt, international zu arbeiten (Asien, Europa, USA)

Nach mehr als 15 Jahren im gleichen Unternehmen wünsche ich mir in diesem Jahr eine „Luftveränderung" und bin gespannt, in einem persönlichen Gespräch mehr über Ihr Unternehmen zu erfahren.

Mit freundlichen Grüßen

Es gibt verschiedene Arten, ein Bewerbungsanschreiben zu formulieren. Überlegen Sie, welches Schreiben für Ihre Bewerbungssituation am besten geeignet ist.

- Mit dem Motivationsanschreiben begründen Sie, warum Sie sich genau für diese Stelle bzw. bei diesem Unternehmen bewerben.
- Das argumentative Anschreiben belegt, warum genau Sie richtig für diesen Job sind.
- Mit dem erfolgsorientierten Anschreiben stellen Sie Ihre Erfolge anhand von aussagekräftigen Fakten dar.
- Das sympathische Anschreiben setzt auf persönliche Ausstrahlung, das kreative ist für alle geeignet, die auffallen wollen.
- Das darstellende Anschreiben bringt ergänzende Beispiele zum Lebenslauf.
- Mit dem anzeigenzentrierten Anschreiben beziehen Sie sich konkret auf die Anforderungen im Inserat.
- Bei dem initiativen Anschreiben bietet sich eine Kombination der verschiedenen Ansätze an.

30 MINUTEN

3. Workshop Anschreiben

Viele Bewerber haben eine regelrechte Schreibblockade, wenn sie vor einem Anschreiben sitzen. Der folgende Workshop hilft Ihnen, diese Blockaden zu überwinden. Sie lernen, die passenden Worte zu finden und im Baukastensystem ein Anschreiben zu formulieren. Dabei werden sowohl das Initiativschreiben als auch das Anschreiben auf eine ausgeschriebene Stelle berücksichtigt.

3.1 Vorab: Was will ich sagen?

Eine gute Vorbereitung erspart Ihnen später eine Menge Arbeit. Machen Sie sich also vorab noch einmal ganz bewusst, was Sie eigentlich in Ihrem Anschreiben sagen wollen.

Stellenanzeige: Was wird gesucht?

Bewerben Sie sich auf eine Stellenanzeige, dann lesen Sie sich genau durch: Was setzt das Unternehmen voraus und was hätte es gern, was wäre „gut zu haben"? Die Dinge, die vorausgesetzt werden, sind selbstverständlich. Diese brauchen Sie nur kurz anschneiden. Nicht selbstverständlich ist alles, was darüber hinausgeht:

- Welche Art von Erfahrung haben Sie?
- Was wissen Sie über die Branche?
- Was haben Sie sonst noch zu bieten, das für das Unternehmen interessant sein könnte?

Nehmen Sie sich einen Zettel und schreiben Sie vier bis sieben Punkte auf, mit denen Sie auf das Inserat eingehen möchten. Bringen Sie diese in eine Rangordnung und entscheiden Sie: Was ist aus der Perspektive des Unternehmens am wichtigsten?

Beispiel

Nehmen wir an, von einem Sachbearbeiter für Kundenbetreuung wird eine kaufmännische Ausbildung oder ein Hochschulabschluss, sicherer Umgang mit MS-Office, Englisch und idealerweise Portugiesisch sowie am besten Kenntnisse im Banken- und Fondsbereich verlangt. Im weiteren Verlauf des Textes werden als Aufgaben unter anderem „Erstellen von Statistiken" und „Klärung von Differenzen" genannt. Ihre Liste könnte dann folgendermaßen aussehen:

- Grundkenntnisse Portugiesisch durch zwei Kurse am Spracheninstitut Berlitz und mehrere Sprachaufenthalte in Brasilien.
- Als Versicherungskaufmann profundes Wissen über die Finanzwelt und Fonds (handle selbst mit Fonds!)
- Freundliche und serviceorientierte Persönlichkeit, die auch in schwierigen Situationen immer Lösungen sucht und findet.
- Sehr professioneller Umgang mit MS-Office und Zahlenverständnis (habe mit Excel schon Formeln und Statistiken erstellt. Beispiel Statistik über die Entwicklung von Verkaufszahlen.)

Kompetenzen lassen sich auch sehr einfach in einem Block in der Mitte des Anschreibens zusammenfassen. Hier sind sie leicht variierbar und können entsprechend der jeweiligen Anzeige geändert werden. Auf der nächsten Seite sehen Sie ein überzeugendes Beispiel:

Herr Max Test
Automobilzulieferer XY
Musterstraße 2
D-12345 Stellmichein

Innovatives Interieur und kurze Entwicklungszeiten

Sehr geehrte(r) Herr/Frau,

die Entscheidung beim Automobilkauf wird zunehmend durch das Fahrzeuginterieur bestimmt. Bei der Markentreue sagt man – so heißt es – „Das Exterior ist die Hochzeit, das Interieur die Ehe".

Der Käufer erwartet im Fahrzeuginnenraum eine perfekte Technik mit selbst erklärendem Handling, optisch und haptisch ansprechende Oberflächen, eine angenehme Akustik in allen Geschwindigkeitsbereichen sowie größtmögliche Sicherheit. Nicht zuletzt stellen die globalen Unterschiede bei den Menschen sowie gesetzliche Auflagen Entwickler und Designer vor komplexe Aufgaben, die nur in einem perfekten Team gelöst werden können.

Sie haben bereits ein perfektes Team und suchen noch einen passenden (leistungsstarken) Innovationsmotor?

- Als Projektmanager biete ich Ihnen modernes Zeit-, Kosten- und Ressourcenmanagement sowie Kenntnisse in Marketing und Betriebswirtschaft.
- Als Interieurdesigner biete ich Ihnen neben meinen gestalterischen Kompetenzen ein umfassendes Material- und Technologiewissen sowie ein Studium und mehrjährige Berufserfahrung.
- Als Diplom-Ingenieur biete ich Ihnen Erfahrung mit Produktentwicklungen, unter anderem im Bereich Akustikverkleidungen.
- Als Praktiker biete ich Ihnen eine Ausbildung zum Werkzeugmacher, Berufspraxis im Kunststoffformenbau und Erfahrung im Rapid Engineering.
- Als Mensch biete ich Ihnen Führungserfahrung, ein authentisches, überzeugendes Auftreten und eine hohe Eigenmotivation.

Darüber hinaus kann ich auf Routine im Patentwesen und internationale Projekterfahrung verweisen. Ich spreche fließend Englisch und gutes Spanisch.

Sehr gerne würde ich dieses Know-how in Ihr innovatives Unternehmen einbringen. Sollten diese ersten Zeilen Ihr Interesse an meiner Person geweckt haben, bitte ich Sie zu prüfen, ob kurz oder mittelfristig eine entsprechende Aufgabe in Ihrem Unternehmen zur Besetzung ansteht. Ich freue mich auf Ihre Antwort.

Mit freundlichen Grüßen

Initiativbewerbung: Was haben Sie zu bieten?

Bei einer Initiativbewerbung sollten Sie mehr von sich ausgehen: Was haben Sie zu bieten? Welches sind Ihre „Highlights" im Lebenslauf und besonderen Fähigkeiten, Kenntnisse und Erfahrungen?

Beispiel

Sie würden gerne im Vertrieb oder in einem anderen Bereich eines internationalen Unternehmens arbeiten und versuchen es initiativ. Erstellen Sie auch hier eine Liste und ordnen Sie Ihre Erfahrungen und Kompetenzen nach Wichtigkeit:

- Sehr gutes Englisch durch dreijährigen Londonaufenthalt, gelte als zweisprachig.
- Studium und Lehre zur Industriekauffrau.
- Durch breite Erfahrungen einsetzbar als Assistenz in zentralen Bereichen oder im Vertrieb.
- Exzellente PC-Kenntnisse, neben Word und Excel auch in Access.
- SAP/R3-Kenntnisse durch Tätigkeit im Vertriebsinnendienst.
- Branchenkenntnisse in der Medienindustrie.
- Hektische Situationen motivieren und fördern das ausgeprägte Organisationstalent.

3.2 Der Betreff

Ein Betreff ermöglicht eine schnelle Zuordnung Ihrer Bewerbung. Mit einem guten Betreff müssen Sie sich zudem nicht die ersten Sätze mit Selbstverständlichkeiten „verderben", denn hier können Sie bereits schreiben, dass es sich um eine Bewerbung handelt. Am besten verknüpfen Sie gleich damit Aussagen zum Fundort und der Stellenbezeichnung:

Bewerbung als Key Account Manager – Ihr Inserat in den Stuttgarter Nachrichten vom 23./24.3.2012

Bewerbung als Sachbearbeiterin Studentenbetreuung – Stellenangebot Nr. 2345664

Sie können auch weniger klassisch an die Formulierung des Betreffs herangehen, z. B. mit einer neugierig machenden Frage oder Aussage:

Freundliche Vertriebsmitarbeiterin?

Chinesisch und Spanisch – ich spreche beides!

Account Manager macht Sie drei Mal erfolgreich!

Versprechen wie im letzten Betreff müssen aber natürlich im Anschreiben eingehalten werden. In diesem Beispiel könnte der Brief in drei Punkte gegliedert sein, die auch jeweils mit einer 1, 2 und 3 sofort sichtbar sind. 1 könnte beispielsweise lauten: „Erfolgreich durch bessere Kontakte." Danach erläutern Sie dann, welche Kontakte Sie haben und warum dies entscheidend für den Erfolg bei Ihrem Wunschunternehmen ist.

Übung
Klassisch oder kreativ – hier ist Platz für Ihren Betreff:

_____

_____

_____

_____

3.3 Der erste Satz

Ein guter erster Satz fängt den Leser sofort ein und motiviert zum Weiterlesen. Dabei gibt es drei Möglichkeiten: Sie können etwas über das Unternehmen sagen, über sich selbst oder die spezielle Stelle.
Überlegen Sie zunächst, was Sie sagen würden, wenn Ihnen ein Vertreter des Unternehmens gegenübersäße. Schreiben Sie das auf. Wenn Ihnen nichts einfällt, denken Sie darüber nach, was Sie einem Freund sagen würden, wenn er Sie fragt, warum Sie sich bei dieser Firma bewerben. Haben Sie Aussagen aufgeschrieben, die positiv sind und Interesse wecken

könnten? Wenn Sie unsicher sind, besprechen Sie sich mit einem Bekannten. Manchmal haben Außenstehende nicht nur mehr Abstand, sondern einfach auch die besseren Ideen.

Möglichkeit 1: An das Unternehmen richten

Ihr Unternehmen ist spannend für mich, weil Sie das Papier produzieren, auf dem ich jetzt schreibe.

Unter allen Automarken ist Saab für mich diejenige mit der kreativsten Persönlichkeit.

Tradition in der Form, wie sie Ihr Unternehmen seit Jahrzehnten verkörpert, ist für mich die Fortführung von bewährten Erfolgsrezepten.

Möglichkeit 2: Auf sich aufmerksam machen

Als Zwölfjähriger habe ich mein erstes Spiel programmiert, einen Shooter für zwei Personen.

Ideen entwickeln hieß für mich schon immer: erst einmal schauen, wohin die Trendreise geht.

Service ist für mich kein Wort, sondern eine Haltung.

In meiner Master-Thesis habe ich mich mit der „Evaluierung von Weiterbildung" beschäftigt und eine interessante These entwickelt, die ich Ihnen in einem Vorstellungsgespräch gerne vorstellen würde.

Möglichkeit 3: Auf die Stelle eingehen

Als Betriebswirt mit mehr als acht Jahren Praxiser-fahrung als kaufmännischer Leiter in einem produzie-renden Unternehmen erfülle ich die Grundvorausset-zungen.

Beste Kontakte, umfassendes Branchenwissen: Beides bringe ich mit.

Als durchsetzungsstarke Persönlichkeit mit sicherem Englisch und einem Hintergrund als Außenhandelskauf-mann interessiere ich mich sehr für die ausgeschriebene Stelle.

Prüfen Sie Ihren Satz auf seine Individualität. Idealer-weise schreiben nicht hundert Bewerber das Gleiche. Recht verbreitet etwa sind Bezugnahmen auf die Web-site oder Lobgesänge auf das tolle Produkt, vor allem bei bekannten Marken. Wenn Sie sich abgrenzen wol-len, machen Sie es nicht so wie die anderen. Erst recht, wenn Sie sich an Unternehmen richten, die sich selbst individuell präsentieren oder sich Menschen mit einem eigenen Kopf wünschen. Aber auch bei konservativen Firmen kommt ein individueller erster Satz gut an. Nur so werden Sie bemerkt und nicht schon nach wenigen Worten vergessen!

Tipps

- Vermeiden Sie beim ersten Satz Schachtelsätze.
- Gerade hier ist es tabu, mit „Ich" zu beginnen.
- Beginnen Sie nach einem Ausrufezeichen („Sehr geehrter Herr Müller!") groß, schreiben Sie nach einem Komma („Sehr geehrter Herr Müller,") klein weiter.

Übung

Individuell und aussagekräftig – schreiben Sie jetzt Ihren ersten Satz auf:

_____

_____

_____

_____

3.4 Der erste Abschnitt

Der erste Abschnitt führt den ersten Satz zu Ende. Er leitet über in die Argumentation, warum Sie sich als neuer Mitarbeiter eignen, und nennt z. B. eines oder mehrere Ihrer Verkaufsargumente. Die folgenden Beispiele kombinieren deshalb den ersten Satz mit den weiteren Ausführungen eines ersten Abschnitts.

Ihr Unternehmen begeistert mich. Seit drei Jahren begegnet mir Ihr Unternehmen immer wieder: mit interessanten Berichten in den Medien, mit einem extrem innovativen Stand auf der Messe Dima und nun mit einem Stellenangebot, das auf mich zugeschnitten ist. Es trifft mit seinem Fokus auf die Vermarktung von IPTV-Angeboten zu 100 Prozent meine Interessen. Praxiserfahrungen bringe ich reichlich mit.

Der erste Abschnitt darf aber auch sehr kurz sein. Er kann beispielsweise aus einem einzigen Satz oder einer Frage bestehen. Dann verschmelzen Einstiegssatz und erster Abschnitt:

Jeden Tag überzeuge ich Kunden von unseren Produkten. Jetzt überzeuge ich Sie von mir, sachlich und kurz:
1. (es folgt eine Auflistung)

Übung
Auf gute Argumente kommt es an – notieren Sie hier Ihren ersten Absatz:

_____

_____

_____

_____

_____

_____

_____

_____

3.5 Fakten formulieren

Der erste Absatz ist geschafft. Nun geht es darum, konkret zu werden. Das bedeutet nicht, den Lebenslauf zu wiederholen, sondern wichtige Zusatzinformationen zum Lebenslauf zu liefern, beispielsweise hinsichtlich Ihrer aktuellen Tätigkeit:

An der Universität Köln habe ich Betriebswirtschaftslehre studiert. Derzeit bin ich bei Motto für alle E-Commerce-Projekte verantwortlich. Meine Funktion als Projektleiter E-Commerce beinhaltet alle Bausteine eines klassischen Projektmanagements von der Konzeption bis zum Projektcontrolling. Des Weiteren gehören die Koordination der beteiligten Fachabteilungen sowie die Kommunikation mit internen und externen Partnern zu meinen Aufgaben.

Als Hochschulabsolvent können Sie beispielsweise ein Projekt beschreiben, das Sie während Ihres Studiums vorangetrieben haben, oder eine ehrenamtliche oder nebenberufliche Tätigkeit, bei der Sie Grundlagen in XY gelernt haben:

Während meines Studiums habe ich mich in der studentischen Unternehmensberatung Ratings engagiert und Marketingkonzepte für mittelständische Unternehmen erstellt sowie teilweise auch umgesetzt. Unter anderem war ich gemeinsam mit einem Kommilitonen für die In-

ternetstrategie eines schwäbischen Produzenten von Biogemüse verantwortlich. Heute, drei Jahre später, erwirtschaftet das Unternehmen 20 Prozent seines Umsatzes online.

Sie können beispielsweise auch formulieren, warum Sie sich nach Etappe X für Etappe Y entschieden haben (wenn dies dazu dient, Ihren Lebenslauf attraktiver zu machen):

Nach fünf Jahren im Einkauf entschied ich mich 2006 für einen Wechsel in den Vertrieb, da besonders die Kundenberatung und Telefonakquise zu meinen Stärken gehören. Dementsprechend hatte ich dort schnell zahlreiche Erfolge zu verbuchen.

Umgang mit Firmen und Markennamen

Entscheiden Sie sich für eine Strategie, wie Sie mit Namen in Ihrer Bewerbung umgehen. So ist es gut, Markennamen zu nennen, weniger bekannte Unternehmen zu umschreiben: „In einer regional sehr namhaften Werbeagentur". Das gilt auch für Ihre letzte Stellung. Entscheiden Sie sich gegen eine Namensnennung, wenn der Name vielleicht sogar irritieren würde. Wenn Sie den aktuellen Arbeitgeber nicht nennen, machen Sie damit letztendlich auch neugierig. Außerdem gewährt es einen gewissen Schutz, falls Sie nicht möchten, dass Ihre Bewerbung beim aktuellen Arbeitgeber bekannt wird:

3.6 Persönlichkeit beschreiben

Wie drücke ich aus, was ich für eine Persönlichkeit bin?
Hilfreich ist die Beschreibung der sogenannten Soft
Skills – menschliche Eigenschaften und Fähigkeiten, die
für das Ausüben eines Berufs förderlich sind.
Einige Bewerber entscheiden sich hierbei für eine Anei-
nanderreihung von Substantiven: *„Ich zeichne mich aus
durch Teamfähigkeit und Disziplin"* oder Adjektiven:
„Ich bin teamfähig und diszipliniert". Beides ist nicht
optimal, denn beim Leser bleibt bei so hingeworfenen,
aber nicht erläuterten Wörtern wenig haften. Erklären
Sie lieber mit Beispielen, wie Sie sind und was das dem
Unternehmen nutzt. Andere Bewerber verzichten ganz
auf die Beschreibung von Soft Skills. Bei sehr qualifika-
tionsorientierten Beschreibungen mag das in Ordnung
sein. Überall dort, wo Persönlichkeit gefragt ist, gehört
indes auch eine Aussage darüber in das Anschreiben:

Teamarbeit ist mir wichtig, denn ich vertrete die Meinung, dass mehrere Perspektiven für bessere Ergebnisse sorgen.

Als extrovertierte Persönlichkeit gehe ich auf Menschen zu und stecke mit meiner positiven Art Kollegen an.

Mein Anspruch an die Qualität meiner Arbeit ist hoch. Meine Konzepte sind deshalb immer sehr sorgfältig ausgearbeitet und überzeugen bis ins Detail.

Bei meiner Projektplanung berücksichtige ich alle denkbaren Szenarien und denke systematisch in alle Richtungen. So waren meine Projekte in den letzten fünf Jahren nicht ein einziges Mal im Verzug.

Jeder Job fordert eine andere Persönlichkeit. Versuchen Sie deshalb nicht, in allen Bereichen Perfektion vorzuspiegeln. Auch sollten die genannten Eigenschaften zueinanderpassen und ein rundes Persönlichkeitsbild ergeben. Nur sehr wenige Menschen sind zugleich charismatisch-begeisternd und gewissenhafte Detailarbeiter. Analytiker sind selten intuitiv entscheidende Bauchmenschen und Verkäufer eher selten Teamarbeiter ... Also: Bleiben Sie authentisch und beschreiben Sie nur das, was auch in Wahrheit da ist.

 Es ist wichtig, dass in Ihrem Anschreiben nicht nur Fachkompetenz, sondern auch Ihre Persönlichkeit

sichtbar wird. Soft Skills, die mit konkreten Beispielen verdeutlicht werden, helfen dabei, sich selbst individuell und überzeugend zu präsentieren.

3.7 Gehalt & Co.

Sie können in Ihrem Bewerbungsanschreiben auch organisatorische Dinge ansprechen. Hierfür bietet sich der letzte Absatz an.

Das Gehalt

Sollten Sie Ihre Gehaltsvorstellung erwähnen oder besser nicht? Die Chance, falsch zu liegen, ist groß. Entweder Sie stapeln zu tief oder Sie pokern zu hoch. Trotzdem können Sie sich einer Gehaltsangabe kaum entziehen, sofern diese gefordert ist. Bevor Sie das jedoch tun, sollten Sie Ihren Marktwert ermitteln. Das geht im Internet z. B. beim Geva-Institut (www.geva-institut. de) oder bei Personalmarkt (www.personalmarkt.de). Auch die Jobbörse Stepstone (www.stepstone.de) hält Gehaltsinformationen für viele Berufsgruppen bereit. Im Zweifel nennen Sie lieber ein etwas zu hohes Gehalt oder eine Spanne. Oft wird argumentiert, bei einer Spanne tendierten Arbeitgeber zum unteren Ende. Die Praxis zeigt, dass das nicht so ist, wenn Sie Ihre Gehaltsspanne von Details abhängig machen, die Sie nur im Vorstellungsgespräch erfahren:

Zwischen 40.000 und 45.000 Euro scheinen mir für die von Ihnen beschriebene Stelle angemessen, nach einem Gespräch über Stellendetails werde ich das präzisieren. Selbstverständlich wünsche ich mir auch eine finanzielle Veränderung und stelle mir ein Gehalt ab 54.000 Euro vor.

Wenn Sie sich mit Ihrem Gehaltswunsch unsicher sind, umschiffen Sie die Nennung. Je interessanter Ihr Lebenslauf, desto eher können Sie sich das auch leisten. Stellen Sie sich aber darauf ein, dass das Unternehmen möglicherweise durch einen „überraschenden" Anruf die offene Frage klärt.

Um einen konkreten Gehaltswunsch nennen zu können, benötige ich weitere Informationen zum Verantwortungsbereich.

Über Fragen wie Gehalt und den frühestmöglichen Einstellungstermin möchte ich persönlich mit Ihnen sprechen.

Der Einstellungstermin

Beim Einstellungstermin hängt es davon ab: Schnelle Verfügbarkeit kann bei einigen Jobs ein Vorteil sein, eine sehr lange Kündigungsfrist ein Nachteil. Haben Sie drei Monate oder drei Monate zum Quartalsende, sollten Sie das im Anschreiben besser nicht erwähnen. Auch hier kann es eine Strategie sein, auf das spätere Vorstellungsgespräch zu verweisen.

Ich bin ab dem 1. Mai verfügbar.

Ein Starttermin im Mai ist möglich.

Die Bitte um Diskretion

Eigentlich versteht es sich von selbst, dass mit Bewerbungen diskret umgegangen wird. Die explizite Bitte darum hat allerdings noch einen Zusatznutzen. Wenn Sie in einem ungekündigten Arbeitsverhältnis stehen, darf der interessierte Arbeitgeber sich nicht ungefragt bei Ihrem jetzigen Arbeitgeber über Sie erkundigen. Ist der Arbeitgeber bereits ein „Ex", sieht dies anders aus. So formulieren Sie die Bitte um Diskretion:

Da ich mich aus einer ungekündigten Stellung bewerbe, bitte ich Sie um diskrete Behandlung meiner Unterlagen. Bitte behandeln Sie meine Bewerbung vertraulich.

Sperrvermerke sind vor allem bei Personalberatern verbreitet. Dann steht in der Anzeige beispielsweise „unter Einsendung von Sperrvermerken". Damit ist gemeint, dass Sie sagen müssen, an wen Sie die Bewerbung auf keinen Fall weitergeleitet haben möchten, beispielsweise weil Sie dort selbst einen Kontakt aufnehmen wollen oder es sich um einen ehemaligen Arbeitgeber handelt. Sperrvermerke schreiben Sie deutlich lesbar unter Ihr Anschreiben:

Bitte nicht weiterleiten an Motto GmbH.

3.8 Abschluss und Ausblick

Beenden Sie Ihr Schreiben mit einem Ausblick: auf das persönliche Gespräch, ein Kennenlernen, Ihren demnächst erfolgenden Anruf (bei einer Initiativbewerbung). Beenden Sie dann mit einer geeigneten Grußformel. Der Klassiker ist das „Mit freundlichen Grüßen". Darunter lassen Sie Platz für Ihre handschriftliche Unterschrift. Eine Zeile unter der maschinenschriftlichen Unterschrift folgt dann ein Hinweis auf weitere Anlagen.

Tipps
- Unterschreiben Sie ein per Post zu verschickendes Anschreiben mit einem Füller, das wertet auf.
- Scannen Sie die Unterschrift bei einem PDF-Anschreiben ein.
- Schreiben Sie das Wort „Anlagen" fett, unterstrichen oder kursiv.

Entscheidende Kriterien für den Erfolg Ihrer Bewerbung sind vor allem Kreativität, Kompetenz und Persönlichkeit:

- *Bereiten Sie sich gut vor und überlegen Sie, was gesucht wird und was Sie zu bieten haben.*
- *Der Betreff und der erste Satz sind besonders wichtig, sie müssen zum Weiterlesen motivieren.*
- *Belegen Sie mit Fakten Ihre berufliche Kompetenz und nutzen Sie Soft Skills, um Ihre Persönlichkeit auszudrücken.*
- *Organisatorisches wie Gehalt oder Eintrittstermin sind kein Muss, können aber im letzten Abschnitt angesprochen werden.*

30 MINUTEN

4. Sprachlicher und optischer Feinschliff

Schreiben Sie einfach, klar und verständlich. Es hat sich bewährt, erst einmal drauflos zu schreiben und ins Unreine zu formulieren und dann erst mit der „Feile" an den Text zu gehen. Dies ist meiner Erfahrung nach wesentlich schneller und effizienter als der Versuch, einen perfekten Satz nach dem anderen zu formulieren. Die Checklisten im nächsten Kapitel helfen Ihnen beim systematischen Feinschliff und beim Überprüfen der optischen Ausgewogenheit und Fehlerfreiheit.

4.1 Einfach schreiben

Die meisten Bewerbungsanschreiben sind zu abstrakt und kompliziert. Bei genauerer Betrachtung bleibt vom Inhalt nicht viel übrig. Schauen Sie sich beispielsweise folgenden Monster-Satz an:

So nicht: *Nach meinem zügig absolvierten Studium habe ich 2001 mein Studium der Betriebswirtschaftslehre mit den Schwerpunkten Marketing und Personalwirtschaft an der Universität Köln mit einer Diplomarbeit, die mit 1,3 bewertet wurde (Titel: „Vereinfachung komplexer Beurteilungssysteme in der Personalarbeit von amerikanischen Unternehmen"), beendet, deren Ergebnisse ich in den folgenden zwei Jahren im Rahmen meiner Doktorarbeit vertiefte.*

Besser:
Mein Studium der Betriebswirtschaftslehre absolvierte ich 2001. Die Ergebnisse meiner mit „sehr gut" bewerteten Master-Thesis vertiefte ich durch Promotion.

Vorteil der Vereinfachung: Zwei einfache Sätze ersetzen einen komplizierten Schachtelsatz mit mehr als 30 Wörtern. Es wird in dem gekürzten Satz außerdem nur das ausgedrückt, was wichtig ist. Das Hilfsverb „haben" wurde zudem durch ein vollwertiges Verb ersetzt, durch „absolvieren".

Tipps
- Machen Sie aus einem langen Satz lieber zwei oder drei kurze.
- Ersetzen Sie Hilfsverben wenn möglich durch vollwertige Verben.
- Ersetzen Sie Substantive durch Verben. „Ich absolvierte" statt „das Absolvieren".
- Streichen Sie alles, was dem Satz keinen inhaltlichen Mehrwert gibt.

- Streichen Sie Daten, sofern diese nicht wesentlich für Ihre Aussagen sind.
- Tauschen Sie ich-zentrierte Aussagen gegen einen Perspektivenwechsel: „Sie erhalten meine Unterlagen" statt „Ich übersende Ihnen meine Unterlagen".
- Tauschen Sie komplizierte und fremdsprachliche durch einfache und gebräuchliche Wörter.

Zu kompliziert –	Klar und einfach +
Für Ihr Unternehmen habe ich großes Interesse.	Ich interessiere mich für die Stelle.
Aufgrund meiner Ausbildung und meines bisherigen Lebenslaufs bin ich der Meinung, dass ich der Stelle gerecht werden könnte.	Meine Ausbildung und meine Erfahrung entsprechen Ihren Anforderungen.
Wie mit Ihnen bereits am Telefon besprochen, geht es mir um einen beruflichen Neuanfang.	Telefonisch berichtete ich Ihnen von meinem beruflichen Veränderungswunsch.
Ich zeichne mich aus durch Dynamik und Teamfähigkeit.	Kollegen loben mich als teamfähig und sehr dynamisch.
Ich sehe meine Stärken in meiner Kommunikationsfähigkeit.	Ich bin ausgesprochen kommunikativ.
Stressresistenz gehört zu meinen wichtigsten Eigenschaften.	Stress prallt an mir ab.

4.2 Kürzen

In der Kürze liegt die Würze – der alte Spruch besitzt einen wahren Kern. Je mehr Sie schreiben, desto mehr droht auch zu verpuffen. Schließlich haben Ihre Leser, also die Personalentscheider, nur wenig Zeit. Sie wollen prägnant und kurz informiert werden. Nicht zuletzt möchten sie wissen, ob Sie als Bewerber in der Lage sind, sich auf das Wesentliche zu konzentrieren.

Also, setzen Sie den Rotstift radikal an. Fragen Sie sich bei jeder Aussage, ob diese wirklich wichtig ist – oder den Text letztendlich nur aufbläht. Als kleine Übung sehen Sie sich einmal folgendes Anschreiben an, in dem es um eine Bewerbung auf eine C3-Professur geht (deshalb die Ansprache eines Gremiums). Das Schreiben ist flüssig formuliert. Der Optimierungsbedarf beschränkt sich auf die markierten Wörter, auf die ohne inhaltliche Einbußen verzichtet werden kann.

Sehr geehrte Damen und Herren, verehrtes Gremium!
Seit mehr als 15 Jahren bewege ich mich oft zwischen Kunst und Hörsaal, stelle in Galerien auf der ganzen Welt aus und unterrichte Malerei, zum Beispiel an der Universität Breslau. Als Künstlerin gewann ich allein in den letzten fünf Jahren drei internationale Auszeichnungen, darunter 2006 den World of Art-Award. Meine pädagogische Arbeit flankiert in weiten Teilen die künstlerische. Ich organisiere gern und gestalte begeistert und mithilfe des Computers Unterrichts- und Ausbildungskonzepte. Kolle-

gen attestieren mir das Talent, Talente zu entwickeln. Von mir selbst verlange ich viel: Meine Diplome absolvierte ich wie meine Promotion mit Auszeichnung. Ich schätze interdisziplinäre Zusammenarbeit und Künstler-Netzwerke. Gerne setze ich mich für übergeordnete Belange ein und schaue über den Tellerrand meiner Aufgabe hinaus. Da ich methodische Weiterqualifizierung für Künstler sehr wichtig halte, engagiere ich mich beim Bund Freier Künstler in der Lehre. Ein Umzug nach Wien ist mit meiner Familie besprochen und uns allen willkommen.

Ich freue mich auf die spannende Gelegenheit, Sie und die Studenten in einer Probevorlesung von mir zu überzeugen.

Mit freundlichen Grüßen
Dr. Alina Funkel

Gehen Sie Ihren eigenen Text auf seine Kürze hin durch. Fragen Sie sich:
- Lassen sich Sätze kürzen?
- Lassen sich Sätze streichen?
- Ist jedes Wort wichtig?
- Gibt es Füllwörter wie bisschen, vielleicht, eben, auch, allemal, dabei, bloß, meist?

Zu lang –	Kurz und gut +
Unter anderem war ich dabei mit der Konzeption einer Werbekampagne betraut.	Unter anderem konzipierte ich eine Werbekampagne.

Zu lang −	Kurz und gut +
Ich freue mich auf ein persönliches Gespräch und die Gelegenheit, Sie und Ihr Unternehmen kennenzulernen.	Ich freue mich auf unser persönliches Gespräch bei Ihnen in München.
Nach einer Ausbildung zur Außenhandelskauffrau arbeitete ich viele Jahre als Vertriebsmitarbeiterin, um dann ein Studium zu beginnen und im Herbst 2009 mit dem Bachelor zu beenden.	Ich bin Bachelor of Arts in BWL und Außenhandelskauffrau mit langjähriger Erfahrung im Vertrieb.
Hiermit möchte ich mich auf die sehr interessante Stelle als Controller bewerben, für die ich alle geforderten Qualifikationen mitbringe.	Für die ausgeschriebene Stelle bringe ich alle benötigten Qualifikationen mit.

4.3 Würzen

Sprache kann wie Hausmannskost sein: gut gewürzt und appetitlich. In einem Bewerbungsanschreiben bewirkt die richtige Dosis Selbstvermarktung den besonderen Geschmack. Doch Vorsicht: Deutschland ist nicht die USA und deshalb ist weniger oft mehr. Während amerikanische Bewerber problemlos außergewöhnliche Leistungen erzielen und kommunizieren können, ist solch kräftige Wortwürze in einer deutschen Bewerbung zu heftig. Hier werden eher sachliche Aussagen akzeptiert.

So nicht: *In meiner zweijährigen Tätigkeit für die Mummert Wein GmbH habe ich Meilensteine gesetzt. Mir gelang es, den Umsatz nach jahrelanger Schwäche in einem schwierigen Markt wieder zu verdoppeln.*

Mein Chef bescheinigt mir ein außergewöhnliches Organisationstalent. Für ihn bin ich die begabteste Sekretärin der Welt.

Besser: *Während meiner zweijährigen Tätigkeit für die Mummert Wein GmbH konnte ich den Absatz mehr als verdoppeln.*

Mein Arbeitgeber lobt meine gute Organisationsfähigkeit. In Feedbackgesprächen schneide ich stets mit fünf bis sechs (von sechs) Punkten ab.

Greifen Sie also vor allem auf Sachinformation zurück. Benutzen Sie Adjektive sparsam und legen Sie Lob am besten anderen Personen in den Mund: Kollegen, Kunden, Vorgesetzten.

Ausgangsbasis	Sprachlich gewürzt
Ich interessiere mich für Ihr Unternehmen.	Ihr Unternehmen interessiert mich sehr.
Als gelernter Bankkaufmann weiß ich, wie der Geldmarkt funktioniert.	Als gelernter Bankkaufmann kenne ich den Geldmarkt gut.

Ausgangsbasis	Sprachlich gewürzt
Meine Master-Thesis behandelte das Thema „XYZ".	In meiner Master-Thesis setzte ich mit intensiv mit „XYZ" auseinander und entwickelte die These, dass ...
Ich überzeuge durch meine Kommunikationsfähigkeit.	Meine ausgeprägte Kommunikationsfähigkeit überzeugt sicher auch Sie.
Seit 2007 bin ich für einen Chemikalienhändler tätig.	Seit mehr als einem Jahr arbeite ich für ein renommiertes B2B-Unternehmen.
Vorgesetzte waren stets sehr zufrieden mit mir, weil ich den Markt gut kenne.	Vorgesetzte lobten meine exzellenten Kenntnisse des Marktes.

4.4 Rechtschreibung prüfen

Es gibt nur sehr wenige Bewerbungen, die wirklich fehlerfrei sind. Irgendeine Kleinigkeit schleicht sich fast immer ein, sei es das vergessene Komma oder der Zahlendreher. Dies lässt sich durch das wiederholte Lesen kaum ausmerzen, denn wer seinen eigenen Text immer wieder liest, wird blind dafür. Es hilft also nur der fremde Blick, das zweite Augenpaar. Auch wirksam: Die letzte Version zwei bis drei Tage beiseitelegen und mit genügend Abstand noch mal lesen. Oft fallen die kleinen Dreher erst dann richtig auf.

Das Rechtschreibprogramm von Word hilft, radikale Fehler aufzuspüren, taugt allerdings wenig fürs Detail, etwa im Bereich der Getrennt- und Zusammenschreibung. Eine weitere Hilfe sind Portale wie http://rechtschreibpruefung24.de oder, noch besser, Sie investieren in die Software „Duden Korrektor".

Tipps
- Haben Sie die Namen der Ansprechpartner richtig geschrieben?
- Sprechen Sie Frauen als Frau und Männer als Herr an? Wenn Sie sich angesichts von Namen wie Folke nicht sicher sind, sehen Sie nach oder klären Sie das Geschlecht mit einem Anruf.
- Komma hinter dem „Mit freundlichen Grüßen" – weg damit!
- Gruß und Grüße – beides wird mit ß geschrieben, ebenso wie fließend(es) Englisch.
- Englisch und Französisch schreiben Sie groß.
- Es heißt „ist" und nicht „sit" – achten Sie auf Buchstabendreher.
- Schauen Sie alle Zahlenangaben im Lebenslauf durch, oft finden sich hier Dreher wie 1989 statt 1998.

Rechtschreibfehler suggerieren mangelnde Sorgfalt und Unzuverlässigkeit und können so den Erfolg Ihres Anschreibens verderben. Seien Sie also besonders achtsam.

4.5 Optischer Check

Der Text stimmt? Dann feilen Sie jetzt an der Optik. In den letzten Kapiteln habe ich Ihnen bereits einige Tipps gegeben, wie Sie das Anschreiben optisch ansprechend und somit leserfreundlich gestalten können. Abschließend geht es nun noch einmal an den Feinschliff: Der Briefbogen sollte gleichmäßig gefüllt sein, aber auch nicht überladen wirken. Zwischen Adresse und Betreff gehört etwas „Ruheraum", gern drei oder vier Leerzeilen. Nicht zuletzt sollte auch der Seitenrand noch als solcher erkennbar sein – drei Zentimeter links und rechts sollten frei bleiben.

Ihre Aussagen sollten gut gebündelt sein und nicht etwa nur einen Block bilden. Gliedern Sie vier bis fünf Absätze. Eine ruhige Wirkung erzielen Sie vor allem mit zentrierten Texten, aber auch ein linksbündiger „Flattersatz" kann gut aussehen und ist durchaus erlaubt.

Zulässig sind auch Lesehilfen wie „fett" oder „unterstrichen", mit denen Sie die wichtigsten Aussagen hervorheben. Entscheider, die sehr viel lesen müssen, schätzen diese schnelle Benutzerführung oft. Dem Schnellleser kommen auch Aufzählungen entgegen – die nebenbei auch ideal sind für alle Bewerber, die sich schwertun mit dem Formulieren. Verschönern Sie solche Aufzählungen mit Dreiecken, Punkten oder Quadraten. Auch Striche sehen schön aus. Böse Zungen behaupten allerdings, diese hätten die psychologische Wirkung eines Minuszeichens – was aus meiner Praxis nicht belegt werden kann. Letztendlich zählt die Übersichtlichkeit!

Oftmals nimmt sich der Personalchef nur wenige Minuten Zeit, um sich mit einer Bewerbung zu beschäftigen. Ihm muss sich beim Lesen Ihres Anschreibens also auf den ersten Blick erschließen, dass Sie sich für die ausgeschriebene Stelle eignen. Um das zu gewährleisten, sollten Sie Ihr fertiges Anschreiben noch einmal einem Feinschliff unterziehen:

- *Verschachtelte und umständlich formulierte Sätze verstellen den Blick auf die wichtigen Infos. Schreiben Sie besser kurz, einfach und prägnant.*

- *Unsachliche Übertreibungen wirken hierzulande eher unsympathisch. Rücken Sie sich ins rechte Licht – aber lieber anhand von sachlichen Informationen.*

- *Rechtschreibfehler oder ein unübersichtlicher Aufbau können dazu führen, dass Ihr Anschreiben direkt im Papierkorb landet. Also besser einmal zu viel als einmal zu wenig kontrollieren.*

30 MINUTEN

5. Anschreiben per Post oder Internet

Welchen Weg soll Ihr Anschreiben nehmen? Wenn es der Anzeige nicht eindeutig zu entnehmen ist, fragen Sie nach. Meist bevorzugen Konzerne Online-Formular-Bewerbungen, während mittlere und kleine Unternehmen Unterlagen gerne per Post oder E-Mail annehmen.

5.1 Post-Anschreiben

Bei der Bewerbung per Post sollen Sie darauf achten, das Anschreiben locker obenauf zu legen. Es wird nicht zurückgeschickt. Achten Sie auf einen sauberen Aufdruck und Ihre schwungvolle Unterschrift. Wichtig ist, dass Sie die Bewerbung zeitnah nach einem Telefonat absenden. Fertigen Sie für sich eine Kopie an. Nichts ist peinlicher, als wenn Sie sich im Vorstellungsgespräch an Ihre eigenen Aussagen nicht mehr erinnern können.

Tipps

- Wählen Sie eine Mappe aus, die nicht jeder hat.
- Beliebt sind Klarsichtmappen, eher unbeliebt, weil unhandlich, dreiteilige Mappen.
- Drucken Sie alle Unterlagen auf demselben Papier aus (ideal ist eine Grammatur von 120 g/m^2).
- Verzichten Sie bei größeren Unternehmen auf komplexe Bindungen. Unterlagen müssen kopiert und weitergegeben werden können.

5.2 Online-Anschreiben

Fast alle Konzerne setzen inzwischen auf Bewerbungen über ihre Online-Software. Hier brauchen Sie das Anschreiben im klassischen Sinn nicht mehr. Vielmehr geht es darum, sogenannte Freitextfelder sinnvoll auszufüllen. Hier werden Sie beispielsweise aufgefordert, Ihre Motivation zu erläutern, sich bei diesem Unternehmen zu bewerben. Gefordert ist also ein Motivationsschreiben (siehe Seite 22). Formulieren Sie wie bei einem ganz normalen Post-Anschreiben und betten Sie Ihren Text höflich zwischen ein „Sehr geehrte Damen und Herren" und eine Grußformel.

5.3 E-Mail-Anschreiben

Vom Aufbau her unterscheidet sich das E-Mail-Anschreiben in nichts von einem Post-Anschreiben. Längst hat sich der Standard PDF durchgesetzt und eine Formatierung, wie sie auch bei Briefen üblich ist. Es empfiehlt sich, das Anschreiben als erstes Dokument in eine digitale Mappe, bestehend aus Anschreiben, Lebenslauf und Zeugnissen, zu kopieren und eine Kurzfassung des Anschreibens in die eigentliche E-Mail zu setzen. Die Mail sollte nämlich auf keinen Fall leer sein und lediglich auf den Anhang verweisen, da dies als unhöflich empfunden wird. Zudem ist eine leere Mail Indiz für Spam und wird möglicherweise gar nicht an den Empfänger ausgeliefert. Setzen Sie unter das Mail-Anschreiben eine Signatur (nicht darüber!). Verzichten Sie zudem auf Formatierungen, die über „fett" und Farbe hinausgehen – diese kommen ohnehin oft nicht so an wie abgeschickt.

Tipps
- Verwenden Sie einen aussagekräftigen Betreff.
- Achten Sie auf eine neutrale E-Mail-Adresse, also nicht andreas77@web.de, sondern andreas.wuellner@t-online.de.
- Steht die Signatur unter dem Schreiben?
- Überprüfen Sie Ihr Schreiben auf Fehler.
- Ist der Anhang ein PDF?
- Verweisen Sie im Anschreiben auf den Anhang.

Per Post oder online – welchen Weg bevorzugt das Unternehmen? Das E-Mail-Anschreiben unterscheidet sich nicht von einem Anschreiben auf Papier, beachten Sie das Dateiformat. Beim Online-Formular ist ein Motivationsanschreiben gefragt.

30 MINUTEN

Welche Informationen gehören in den Lebenslauf?

Seite 79

Was versteht man unter der sogenannten „dritten Seite"?

Seite 84

Wissen Sie, was man bei der Auswahl von Zeugnissen und Arbeitsproben beachten sollte?

Seite 86

6. Lebenslauf & Co.

Noch drei Minuten und Ihre Unterlagen sind fertig. Im letzten Kapitel wählen Sie die weiteren Unterlagen aus, die Ihre Mappe vervollständigen.

6.1 Das CV zum Anschreiben

Ein Lebenslauf ist die Pflicht, das Anschreiben die Kür – frei nach diesem Motto liegt der Fokus dieses Buches auf Letzterem. Der Lebenslauf – auch das CV für Curriculum Vitae – soll dennoch nicht zu kurz kommen. Beim Lebenslauf hat sich in den letzten Jahren der angloamerikanische Stil durchgesetzt: Die letzte Position steht am Anfang. Außerdem ist es die Regel, dass Tätigkeitsbeschreibungen die reine Funktionsangabe weiter erläutern. Nach wie vor optional sind persönliche Angaben, etwa zu den Freizeitinteressen. Auf den folgenden Seiten (S. 80-83) finden Sie zwei Beispiele für einen gelungenen Lebenslauf.

Johanna Siebert

54321 Köln – Wiesbadener Straße 112
Telefon: 0221-812345678 – Mobil: 0172-11111111
E-Mail: johanna.siebert@beispiel.de

LEBENSLAUF

Persönliche Daten

Geboren:
am 23.01.1964 in Düsseldorf

Staatsangehörigkeit:
Deutsch

Familienstand:
Verheiratet, 1 Sohn (9 Jahre)
Beruf:
Geschäftsführungsassistentin, Groß-
und Außenhandelskauffrau

Berufserfahrung

Seit 2004   **Geschäftsführungsassistentin**
Meyer Maschinen GmbH in Düsseldorf
- Persönliche Assistenz des Geschäftsführers
- Allgemeine Büroaufgaben von der Korrespondenz bis zum Führen des Terminkalenders
- Übernahme von Projektaufgaben vor allem im Bereich Vertrieb und Kundenbindung
- Internationale Tätigkeit in Zusammenarbeit mit der englischen Tochter

2000 bis 2004   **Chefsekretärin**
Knoblauch Garten & Saat GmbH, Köln
- Management des kompletten Büros mit zwei Sekretärinnen
- Sekretariatsaufgaben: Korrespondenz, Terminierung, Reisebuchung
- Übernahme von Projektaufgaben: z. B. Planung verschiedener Kundenevents, Erstellung von Presseverteilern

1997 bis 2000	**Erziehungszeit**
	• Mehr als 10 Urlaubsvertretungen für Koblauch & Garten GmbH
	• Ehrenamtliche Tätigkeit als Personalvorstand für den Waldorfkindergarten Köln-Ehrenfeld
1983 bis 1997	**Teamsekretärin Vertrieb**
	Knoblauch Garten & Saat GmbH, Köln
	• Sekretariatsaufgaben: Korrespondenz, Terminierung, Reisebuchung

Ausbildung und Schule

1980 bis 1983	**Lehre als Groß- und Außenhandelskauffrau**
	Knoblauch Garten & Saat GmbH, Köln
	Abschluss: Groß- und Außenhandelskauffrau
1970 bis 1980	Realschule Iserbarg, Hamburg
	Abschluss: Mittlere Reife

Weiterbildung (Auszug)

- SAP-Einführung: Vertrieb, Einkauf, Logistik, Zahlungsverkehr
- Grundlagen im Außenhandel
- Vertriebsunterstützung für Sekretärinnen
- Praktische Betriebswirtschaftslehre für Sekretärinnen
- Sprachkurse Spanisch für Einsteiger, Englisch Proficiency

Sprachen

- Englisch absolut fließend und sicher
- Grundkenntnisse Spanisch und Portugiesisch

Sonstiges

- EDV: sehr gute Kenntnisse in Word, Excel, PowerPoint und Access
- SAP/R3-Grundlagenkenntnisse

Johanna Siebert
Düsseldorf, 2. Mai 2012

KILIAN N. BREMMER
Dipl.-Kaufmann

Persönliche Daten

Geburtsdatum	13. August 1970
Geburtsort	Köln
Familienstand	verheiratet, zwei Kinder (4 Jahre und 12 Monate alt)
Kontakt	Klarastraße 12, 13134 Berlin, Mobil 01774444347

Berufliches Ziel

Vertriebsleiter Deutschland bei Ihnen, um den
Marktanteil Ihrer Drucker deutlich zu erhöhen!

Beruflicher Werdegang

Seit 01/2002   **Vertriebsleiter NRW**
Notebook AG, München
VERANTWORTUNGSBEREICHE
- Gesamtwirtschaftliche Verantwortung für
  die Vertriebs-Standorte
- Disziplinarische Personalverantwortung für
  derzeit 8 Mitarbeiter
- Bericht an den Vertriebsleiter Deutschland
ERFOLGE u. a.:
- Verhandlung und Umsetzung von Rahmen-
  vereinbarungen bis zu zwei Millionen Euro
  Umsatz auf höchster Entscheidungsebene
- Erweiterung des Marktanteils von 20
  (2002) auf heute 35 Prozent
- Konzeptionelle Erarbeitung und operative
  Umsetzung lokaler Vertriebskonzepte für
  den Handel, unter anderem das Programm
  „Notebooks billiger"

1999 bis 2002   **Key Account Manager**
Notebook AG, München

VERANTWORTUNGSBEREICHE
- Verantwortung für Top-Ten-Retailunternehmen in Deutschland
- Fachliche Führung der Vertriebsaußenorganisation
- Erstellung und Umsetzung von Marketing- und Vertriebsplänen

ERFOLGE u. a.:
- Gestaltung und Verhandlung nationaler und internationaler Verträge mit einem Budget von bis zu 500.000 Euro
- Gewinnung des Kunden Saturn Bayern als Vertriebspartner

| 1997 bis 1995 | **Account Manager** |
| | *Notebook AG, München* |

Studium und Schule

1990 bis 1995	Studium der **Betriebswirtschaftslehre** (Vollzeit)
	Universität Köln
	• Schwerpunkt: Marketing und Controlling
	• Abschluss: Diplom-Kaufmann
1990 bis 1991	Zivildienst
1982 bis 1991	Gymnasium Velden
	• Abschluss: Abitur

Zusatz-Qualifikationen

Laufende Weiterbildungen
- z. B. Führungslehrgänge mit den Schwerpunkten Team- und Konflikt-Management

Sprachen

| Englisch | verhandlungssicher |

IT

| MS Office | Word, Excel, Access, PowerPoint sehr gut, SAP/R3 SD/MM |

Interessen

Golf (Handicap +3)
Laufen (30 km/Woche)
Lesen (Wirtschaftssachbuch)
Reisen (Zentralasien)

München, 19.08.2012

6.2 Dritte Seite und Deckblatt

„Was Sie sonst noch über mich wissen sollten" – dies könnte die Überschrift einer sogenannten „dritten Seite" sein. Die dritte Seite ist eine Erfindung des Autorenduos Hesse und Schrader, Inhaber des Büros für Berufsstrategie, und bietet die Möglichkeit, Anschreiben und Lebenslauf durch zusätzliche Informationen zu ergänzen. In Einzelfällen ist so ein Zusatzblatt durchaus sinnvoll, führt jedoch in vielen Fällen vom eigentlichen Pfad ab. Aussagen zur Persönlichkeit, die ins Anschreiben gehörten, werden hierher verbannt, das Anschreiben selbst verliert an Aussagekraft.

Eine dritte Seite macht vielmehr Sinn, wenn es darum geht, Aussagen zu verarbeiten, die wichtig sind, aber weder im Lebenslauf noch im Anschreiben Platz haben. Das können sein:

- Seiten, auf denen konkrete Erfahrungen detailliert beschrieben werden
- Übersichten mit IT-Kenntnissen
- Projektübersichten
- Übersichten mit Referenzen

All diese Informationen gehen ins Detail und sind für den zweiten Blick wichtig, den meist der Fachverantwortliche auf die Unterlagen wirft.

Sie können auch das Deckblatt nutzen, um zusätzlich zu punkten. Gute Erfahrungen habe ich mit einer Kombination aus Deckblatt und „Top-5-Informationen" gemacht.

Normalerweise empfohlene Deckblätter transportieren lediglich Fotos und Daten. Da diese Deckblätter – jedenfalls bei Post-Bewerbungen – obenauf liegen, fallen sie aber auch zuerst ins Blickfeld. Hier wäre es doch schade, die Möglichkeit verstreichen zu lassen, mit dem Foto auch gleich für die wichtigsten Argumente zu werben! Das wirkt umso mehr, wenn auch das Foto nicht von der Stange, sondern ein individuelles Porträt ist. Hier ein Beispiel für ein gut genutztes Deckblatt:

PROFIL

KILIAN N. BREMMER
- Diplom-Kaufmann und Industriekaufmann
- Mehr als fünf Jahre Führungserfahrung als regionaler Vertriebsleiter mit umfangreichen strategischen und operativen Aufgaben
- Derzeit verantwortlich für acht Außendienst-Mitarbeiter
- Mehr als 10 Jahre Erfahrung im Bereich Laptopzubehör / Retail
- Erfahren und gewieft in der Verhandlungsführung
- Regelmäßige quantitative Zielübererfüllung (teilweise zweistellig)
- Eloquent, sicheres und repräsentatives Auftreten, durchsetzungsstark

6.3 Arbeitsproben und Zeugnisse

Wählen Sie zuletzt geeignete Zeugnisse und eventuell Arbeitsproben aus, die Ihre Bewerbung ergänzen. Arbeitsproben bieten sich für alle kreativen Berufe an, etwa für Journalisten, Texter, PR-Experten und Designer. Bei den Arbeitsproben gilt wie fast überall sonst auch: weniger ist mehr. Drei passende und repräsentative Proben sagen mehr aus als eine unübersichtliche Vielfalt. Auch bei den Zeugnissen ist die sinnvolle Auswahl der Vollständigkeit oft vorzuziehen. Gerade im Online-Zeitalter hat das auch einen praktischen Grund: Eine E-Mail-Bewerbungsmappe mit mehr als zwei Megabyte ist groß genug – und Zeugnisse blähen den Speicher auf. Außerdem: Die Wordkurse aus dem Jahr 1998 sagen ebenso wenig über Ihren Stand „heute" wie das 20 Jahre alte Abiturzeugnis. Selbstverständlich hängt das aber auch von Ihrem jeweiligen Standpunkt und Alter ab. Von Hochschulabsolventen sehen gerade Konzerne oft auch noch gerne das Abiturzeugnis, von einem 50-Jährigen dagegen erwartet man eher aussagekräftige Arbeitszeugnisse.

Generell gilt: Der letzte Abschluss ist relevant sowie die Arbeitszeugnisse aus den letzten zehn bis 15 Jahren.

Lebenslauf, dritte Seite, Zeugnisse und Arbeits-
proben – oft ist weniger mehr! Es gilt, Ihre Bewer-
bungsmappe nicht zu überfrachten, sondern
gezielt, d. h. gemäß den Anforderungen der Stel-
lenausschreibung, zusammenzustellen. Konzen-
trieren Sie sich also nur auf wirklich aussagekräf-
tige Informationen und Referenzen.

30

Fast Reader

1. Fünf Grundregeln

30

*Ihr Bewerbungsschreiben muss überzeugen –
und zwar den Leser! Vergessen Sie deshalb nicht,
dass Sie nicht über sich selbst, sondern für den
anderen schreiben.*

- *Definieren Sie Ihre Zielgruppe. Denn erst
  wenn Sie wissen, wer Ihr Anschreiben liest,
  können Sie individuell auf die Ansprechperson eingehen.*
- *Betonen Sie Stärken statt Schwächen. Im
  besten Fall sollten Ihre Stärken zu 100 Prozent das widerspiegeln, was der Leser
  sucht.*
- *Schreiben und gestalten Sie Ihr Anschreiben
  lesefreundlich. Nutzen Sie Absätze oder Hervorhebungen, schreiben Sie aktiv und konkret
  sowie mit kurzen Sätzen.*

2. Verschiedene Anschreiben

Es gibt verschiedene Arten, ein Bewerbungsanschreiben zu formulieren. Überlegen Sie, welches Schreiben für Ihre Bewerbungssituation am besten geeignet ist.

- Mit dem Motivationsanschreiben begründen Sie, warum Sie sich genau für diese Stelle bzw. bei diesem Unternehmen bewerben.
- Das argumentative Anschreiben belegt, warum genau Sie richtig für diesen Job sind.
- Mit dem erfolgsorientierten Anschreiben stellen Sie Ihre Erfolge anhand von aussagekräftigen Fakten dar.
- Das sympathische Anschreiben setzt auf persönliche Ausstrahlung, das kreative ist für alle geeignet, die auffallen wollen.
- Das darstellende Anschreiben bringt ergänzende Beispiele zum Lebenslauf.
- Mit dem anzeigenzentrierten Anschreiben beziehen Sie sich konkret auf die Anforderungen im Inserat.
- Bei dem initiativen Anschreiben bietet sich eine Kombination der verschiedenen Ansätze an.

3. Workshop Anschreiben

30 *Entscheidende Kriterien für den Erfolg Ihrer Bewerbung sind vor allem Kreativität, Kompetenz und Persönlichkeit:*

- *Bereiten Sie sich gut vor und überlegen Sie, was gesucht wird und was Sie zu bieten haben.*
- *Der Betreff und der erste Satz sind besonders wichtig, sie müssen zum Weiterlesen motivieren.*
- *Belegen Sie mit Fakten Ihre berufliche Kompetenz und nutzen Sie Soft Skills, um Ihre Persönlichkeit auszudrücken.*
- *Organisatorisches wie Gehalt oder Eintrittstermin sind kein Muss, können aber im letzten Abschnitt angesprochen werden.*

4. Sprachlicher und optischer Feinschliff

30 *Oftmals nimmt sich der Personalchef nur wenige Minuten Zeit, um sich mit einer Bewerbung zu beschäftigen. Ihm muss sich beim Lesen Ihres Anschreibens also auf den ersten Blick erschließen, dass Sie sich für die ausgeschriebene Stelle eignen. Um das zu gewährleisten, sollten Sie Ihr fertiges Anschreiben noch einmal einem Feinschliff unterziehen:*

- *Verschachtelte und umständlich formulierte Sätze verstellen den Blick auf die wichtigen Infos. Schreiben Sie besser kurz, einfach und prägnant.*
- *Unsachliche Übertreibungen wirken hierzulande eher unsympathisch. Rücken Sie sich ins rechte Licht – aber lieber anhand von sachlichen Informationen.*
- *Rechtschreibfehler oder ein unübersichtlicher Aufbau können dazu führen, dass Ihr Anschreiben direkt im Papierkorb landet. Also besser einmal zu viel als einmal zu wenig kontrollieren.*

5. Anschreiben per Post oder Internet

Per Post oder online – welchen Weg bevorzugt das Unternehmen? Das E-Mail-Anschreiben unterscheidet sich nicht von einem Anschreiben auf Papier, beachten Sie das Dateiformat. Beim Online-Formular ist kein klassisches Anschreiben, sondern ein Motivationsanschreiben gefragt.

6. Lebenslauf & Co.

30

Lebenslauf, dritte Seite, Zeugnisse und Arbeits-proben – oft ist weniger mehr! Es gilt, Ihre Bewer-bungsmappe nicht zu überfrachten, sondern ge-zielt, d. h. gemäß den Anforderungen der Stellen-ausschreibung, zusammenzustellen. Konzentrieren Sie sich also nur auf wirklich aussagekräftige Infor-mationen und Referenzen.

Die Autorin

 Svenja Hofert ist Autorin zahlreicher erfolgreicher Ratgeber und seit vielen Jahren als Karriereberaterin tätig. Sie ist Inhaberin von Karriere & Entwicklung in Hamburg (www.karriereundentwicklung.de). Mit ihrem Büro bietet sie auch die Überarbeitung und Optimierung von Bewerbungsunterlagen an.

Karriere & Entwicklung
Palmaille 52
22767 Hamburg
Tel: (040) 53052930
info@karriereundentwicklung.de
www.karriereundentwicklung.de

Weiterführende Literatur

- Engst, Judith: Duden. Professionelles Bewerben leicht gemacht. Mannheim: Bibliografisches Institut, 2007

- Hesse, Jürgen, und Schrader, Hans Christian: Das große Hesse/Schrader-Bewerbungshandbuch. Frankfurt: Eichborn, 2007

- Hofert, Svenja: Bewerben in Traumbranchen. Offenbach: GABAL, 2005

- Hofert, Svenja: Bewerben ohne Bewerbung. Frankfurt: Eichborn, 2005

- Hofert, Svenja: Die 100%-Bewerbung. Offenbach: GABAL, 2004

- Hofert, Svenja: Praxismappe für die kreative Bewerbung. 2. Auflage. Frankfurt: Eichborn, 2008

- Hofert, Svenja: 30 Minuten für das überzeugende Vorstellungsgespräch. Offenbach: GABAL, 2008

- Kühnhanss, Christoph: BeWerben ist Werbung. Berlin: Econ, 2005

- Püttjer, Christian, und Schnierda, Uwe: Das große Bewerbungshandbuch. Frankfurt: Campus, 2005

Register